KB184287

극한에서 살아가는 다양한 생명

극지방이 궁금해!

조시 블룩스 지음 | 이한음 옮김

초판 1쇄 발행 2025년 2월 1일

지음 조시 블록스 **옮김** 이한음
펴낸이 김동호 **펴낸곳** 키위북스
편집장 김태연 **편집** 김도연, 박주원 **꾸민곳** 양X호랭 DESIGN
주소 경기도 고양시 일산동구 중앙로 1079, 522호
전화 031)976-8235 **팩스** 0505)976-8234
전자우편 kiwibooks7@gmail.com **출판등록** 2010년 2월 8일 제2010-000016호

ISBN 979-11-91748-99-4

·잘못된 책은 바꾸어 드립니다.
·책값은 뒤표지에 있습니다.

차례

남극과 북극

지구는 두 극지방을 잇는 선을 중심으로 빙빙 돌아요.
바로 남극과 북극이지요. 남극과 북극은 지구의 가장 남쪽과
가장 북쪽을 가리켜요. 합쳐서 남북극이라고 하는데
남북극 주위는 지구에서 가장 추워요.

꽁꽁 얼어붙은 남북극

극지방은 태양의 온기가 잘 닿지
않아서 늘 추워요. 겨울에는 기온이
영하 50도까지 떨어지고,
해가 아예 뜨지 않아 6개월 동안
어두컴컴해요. 여름이 되면 반대로
해가 지지 않아 밤에도 떠 있지요.
그래도 기온은 늘 영하로 유지돼요.

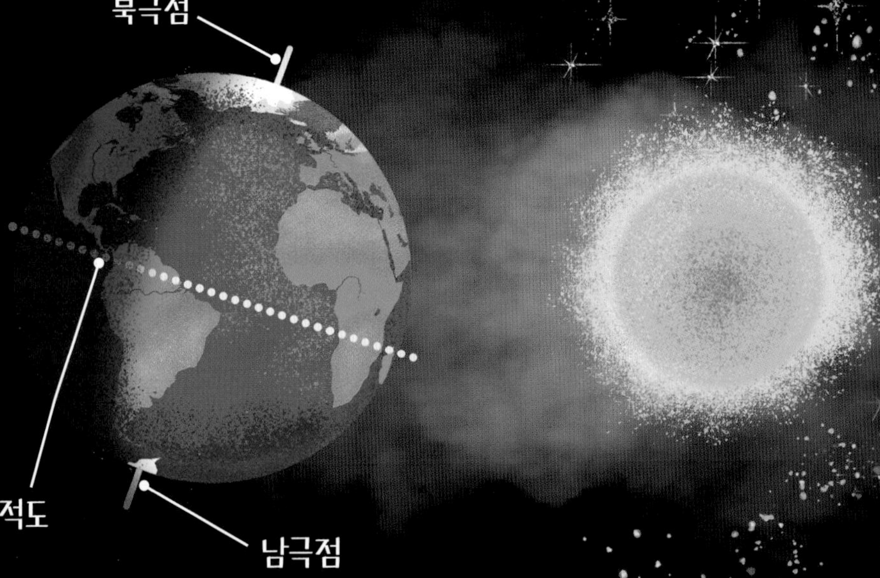

북극점

적도

남극점

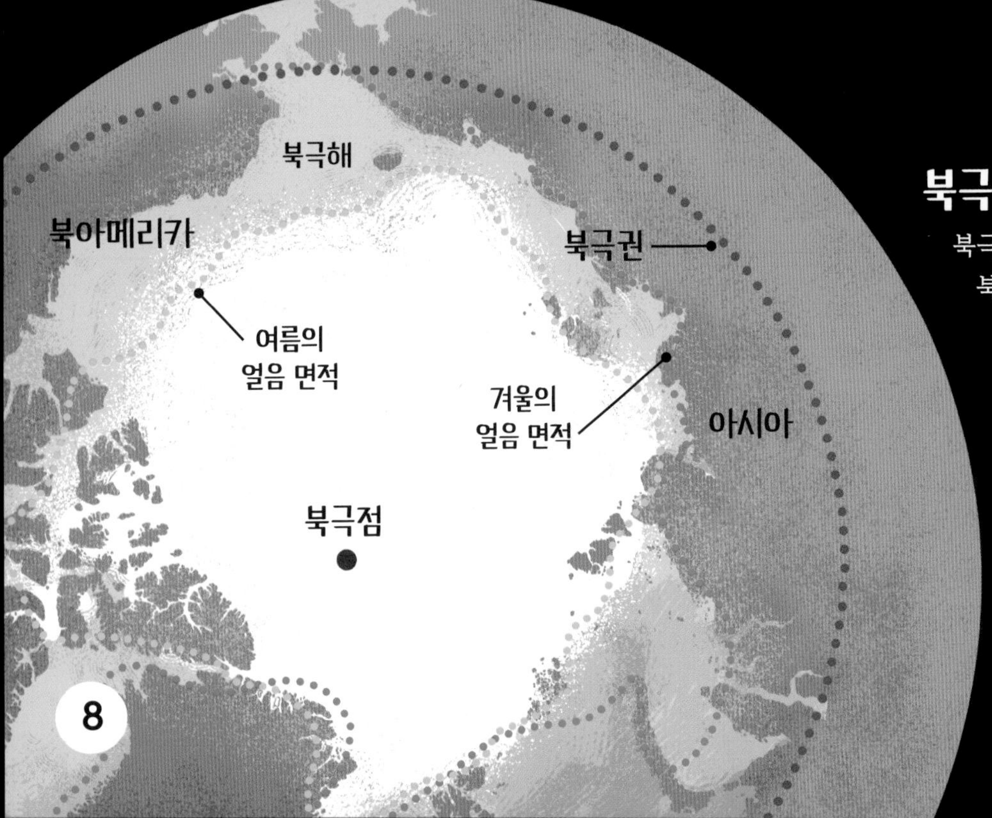

북극해

북아메리카

북극권

여름의
얼음 면적

겨울의
얼음 면적

아시아

북극점

북극 지방

북극점 주위에 있는 아시아와
북아메리카, 유럽 중에서도 가장
북쪽에 있는 지역들이 북극 지방에
속해요. 왼쪽 지도의 빨간 점선으로
표시된 북극권 안쪽 영역이
북극 지방이지요. 북극 지방의
한가운데에는 바다 위에 얼어붙은
아주 두꺼운 얼음이 있어요.
얼음의 면적은
겨울에는 늘어났다가
여름에는 줄어들어요.

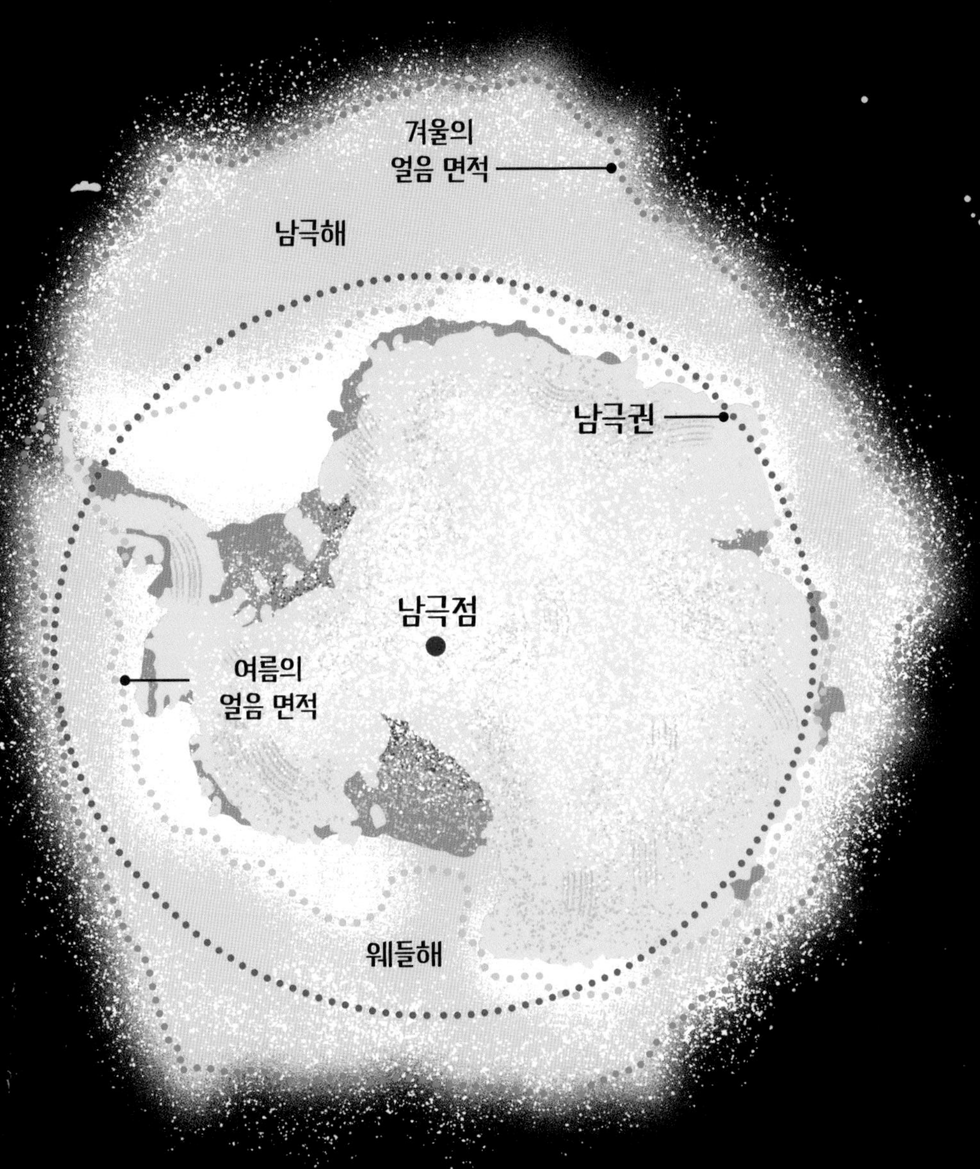

남극 지방

남극점은 남극 대륙에 있어요. 이 드넓은 대륙은
대부분 두꺼운 얼음으로 덮여 있어요. 이 얼음은 대륙의
가장자리까지 밀려 나와서 주변의 바다를 덮고 있어요.
겨울에는 바다 위를 떠다니는 얼음 조각들이 얼어붙어
얼음 면적이 늘어나요.

꽁꽁 얼어붙은 풍경

극지방은 언뜻 보면 온통 눈과 얼음뿐이에요.
그러나 이 얼어붙은 풍경에도 여러 가지 특징들이 있어요.
또 시간이 흐르면서 다양하게 모습을 바꾸곤 하지요.

빙하

빙하는 높은 지대에서 생긴
거대한 얼음덩어리예요.
길이가 100킬로미터를 넘기도 해요.
빙하는 얼어붙은 강처럼 아주 천천히
아래로 흘러내리는데 이 과정에서
바위를 부수고 땅도 깎아 내요.

빙붕

빙하와 바다가 만나는 곳에서는
빙붕이 생길 수 있어요. 빙붕은 떠 있는
얼음판으로 높이가 적어도 20미터에
달해요. '붕'은 선반 모양이라는 뜻으로
빙붕의 일부는 육지에 붙어 있지요.
때로 빙붕은 쪼개지기도 해요.
쪼개져 떨어진 얼음은 바다를
떠다니는 '빙산'이 돼요.

등성이와 물길

겨울이 되면 극지방의 바닷물은 바다 멀리까지 얼어요. 바닷물이 끊임없이 움직이면 위에 덮인 얼음의 모양을 바꾸고 얼음끼리 서로 부딪치면서 등성이가 솟아올라요. 반대로 얼음이 갈라져서 물길이 생기기도 해요. 외뿔고래 같은 동물은 봄에 이 물길로 올라와 숨을 쉬면서 새 사냥터를 찾아다녀요.

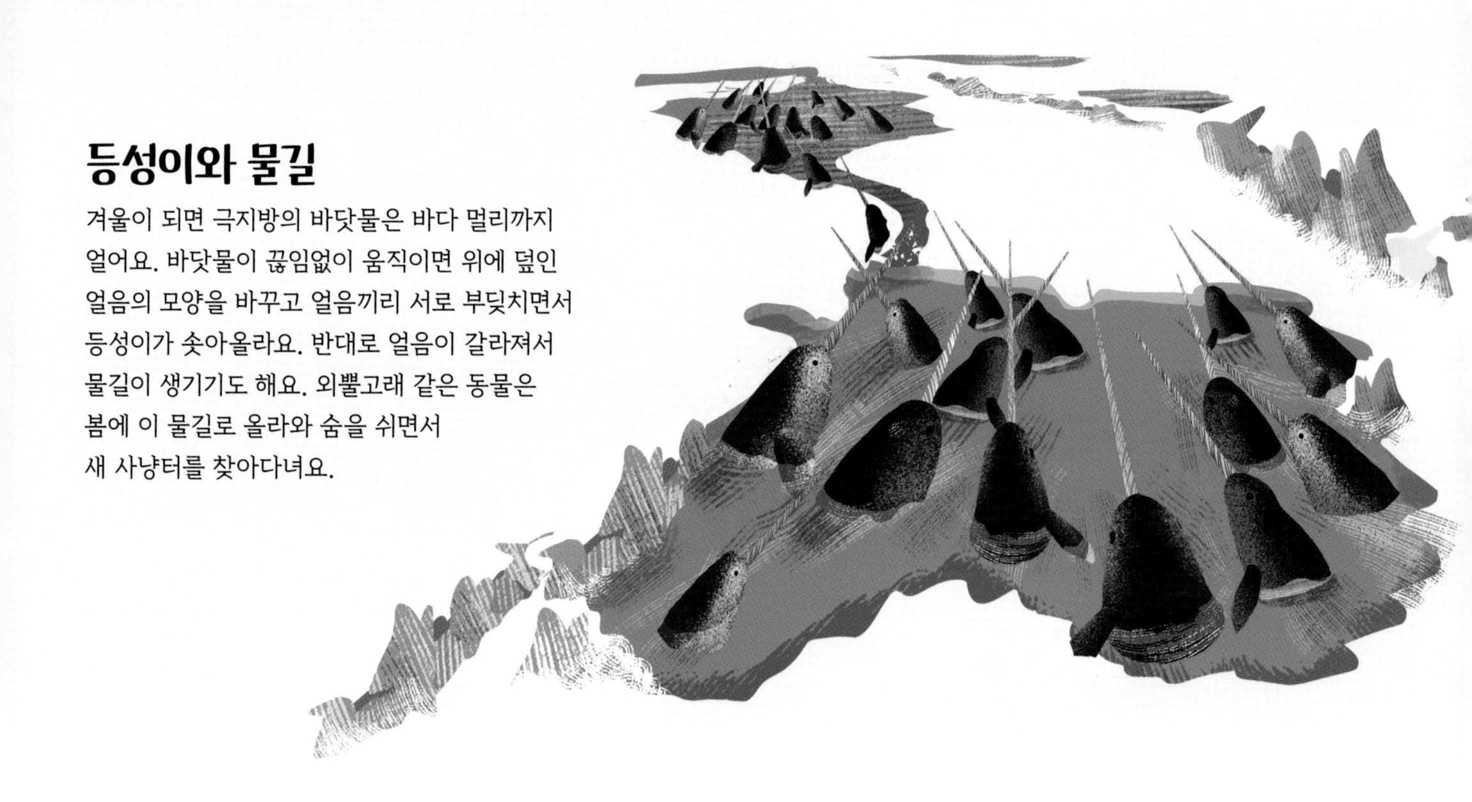

빙하 밑 호수

과학자들은 남극 대륙의 얼음 속 약 3.5킬로미터 아래에 녹은 물이 있는 커다란 호수를 발견했어요. 이 물이 움직이면서 그 위쪽의 얼음이 몇 센티미터씩 움직이거나 가라앉곤 해요.

남극해에서 살아가는 생명

남극 대륙을 둘러싸고 있는 남극해는 지구에서 가장 춥고 가장 바람이 심한 바다예요. 그럼에도 많은 생물이 살아요.

따뜻한 지방층

남극 대륙의 동물들은 남극해에서 먹이를 구해요. 펭귄, 물범, 고래는 피부밑에 '블러버'라고 부르는 두꺼운 지방층이 있어요. 차가운 물에서 먹이를 사냥하는 동안 체온을 유지하기 위해서이지요.

얼지 않는 비결

추운 물에서 살기 위해 남극이빨고기와 남극빙어 같은 물고기는 피에 부동액과 같은 물질이 들어 있어요. 몸에서 얼음 결정이 생기지 못하게 막아요.

얼음으로 몸 지키기

거대한 얼음덩어리는 극지방의 많은 동물에게 위협적이에요. 먹이를 구하러 물속으로 들어가지 못하게 막으니까요. 하지만 때로는 얼음이 목숨을 지켜 주기도 해요. 웨들해물범은 겨울에 날카로운 이빨로 얼음에 숨구멍을 뚫어 놓고 추운 물 위쪽을 피해 두꺼운 얼음 밑에서 주로 지내요.

북극해에서 살아남기

남극해보다 덜 춥긴 하지만, 북극해 역시 일 년 내내 아주 추워요.
여기 사는 동물들은 모든 것을 꽁꽁 얼려 버릴 듯한 기온,
계절에 따라 생기고 사라지는 얼음덩어리, 심각한 먹이 부족 등
힘겨운 환경에서도 살아갈 수 있도록 적응했지요.

더 깊은 물속으로

북극해의 바닥에는 산호, 해면동물,
불가사리, 게 등 화려한 색깔의 생물들이 우글거려요.
그러나 이 동물들은 대부분 수심 30미터쯤 되는
깊은 곳에만 살아요. 바닷속으로 자라는
고드름인 '브리니클'이 닿지 않는 깊이예요.
이 고드름은 바다 아래로 빠르게 자라면서
닿는 모든 것을 얼려 버려요.

맛있는 지방

피부밑 지방은 북극해의 많은 동물이
체온을 유지하는 데 쓰지만,
포식자에게 중요한 에너지원이 되기도 해요.
북극곰은 하프물범 같은 동물을 사냥해서
영양가 있는 지방을 먹어요.
특히 봄에는 새끼들이 자라기 때문에
젖을 먹이고 체온을 유지하기 위해
먹이가 많이 필요해요.

거대한 엄니

바다코끼리는 차가운 북극해에 완벽하게 적응했어요.
피부밑에는 두꺼운 지방층이 있고, 길고 날카로운
두 엄니로 얼음을 쿡 찌른 뒤 거대한 몸을
떠다니는 얼음 위로 끌어올리지요.
또 물속에서는 이 엄니로 얼음을 뚫어서 숨구멍도 내요.

극지방의 겨울에 적응하는 법

극지방의 어둡고 긴 겨울은 춥기만 한 것이 아니에요. 바다를 뒤덮는 거대한 얼음 때문에 먹이를 구하려면 더 멀리까지 가야 하지요. 그래도 더 따뜻한 곳으로 떠나는 방법을 선택하지 않은 동물들은 이런 극한의 조건에서 살아남을 나름의 방법을 찾아냈어요.

얼음 없는 오아시스

해류와 바람이 만나서 움직이고 부딪히다 보면 얼음으로 덮이지 않은 구멍이 생기기도 해요. 동물들은 이런 곳에 모여들어요. 북극 지방에서는 바다코끼리, 고래, 바닷새, 남극 지방에서는 펭귄이 떼 지어 모여요.

겨울용 털

북극여우, 뇌조, 북극토끼는
겨울이 되면 새하얀 털이나
깃털로 털갈이해요. 주변에 쌓이는
눈과 얼음의 색깔이지요. 사향소와
순록 같은 동물은 겉 털 안쪽으로
속 털 층이 새로 자라서 추위를 막아요.

눈굴

겨울에 들쥐 같은 북극 지방의 작은 포유동물은
눈 속에 이리저리 연결된 굴을 파요. 이런 굴속은
온도가 영하로 떨어지는 일이 거의 없어요. 그러나
큰회색올빼미 같은 포식자는 눈 속에서 들쥐가 내는
작은 소리까지 들을 수 있어요. 소리가 들리면 긴 갈고리발톱을
눈 속으로 쿡 찔러 넣어서 먹이를 잡지요.

남극에도 여름이 와요

어두컴컴한 6개월이 지나고 9월이 되면 드디어 해가 떠오르기 시작해요. 그 뒤로 몇 달에 걸쳐서 많은 얼음이 녹으면서 얼음 속에 들어 있던 양분이 바다로 들어가고, 바위 해안에는 작은 서식지들이 생겨나요.

북극제비갈매기는 여름에
북극 지방에서 번식하고,
겨울에는 추위를 피해
남극 대륙으로 이동해요.
얼룩무늬물범은 크릴과
물고기를 잡으려고 잠수한
턱끈펭귄을 잡아먹어요.
턱끈펭귄은 돌밭에
떼 지어 모여서 번식해요.

활기찬 북극의 여름

북극 지방에 해가 떠오르고 봄이 찾아오면 놀라운 변화가 일어나요.
눈이 녹으면서 드넓은 툰드라에 군데군데 습지가 드러나요.
많은 식물이 자라나고 꽃을 피우지요.
또 많은 동물이 먹이를 찾고 번식하기 위해
남쪽에서 올라와요.

북극여우는 흰 털에서 갈색 털로
털갈이해요. 여름 풍경에
더 어울리는 색깔로요.

사향소는 여름에
털이 많이 빠져서
듬성듬성해져요.

나방 애벌레는 2주 동안
열심히 먹이를 먹은 뒤,
11개월 동안 겨울잠을 자요.

그렇게 약 7년을 보낸 뒤에
마침내 나방으로 탈바꿈해요.

북극고래는 따뜻한 계절에 요각류를
배불리 먹어요. 요각류는 크릴과 비슷한
아주 작은 동물이에요.
북극곰은 늦여름에는 물범을
사냥하기가 힘들어요. 그래서 시로미,
바닷말 같은 식물이나 새알 같은 먹이를
찾아 먹어요.
가장 북쪽에서 꽃을 피우는
식물은 자주범의귀예요.
여름에는 땅의 윗부분만 녹아요.
더 깊은 곳은 일 년 내내
얼어 있어요.

극지방에 도달한 유럽의 탐험가들

10세기부터 바이킹 같은 해양 민족은 얼음이 덮인 험난한 바다를 뚫고 북극 지방을 탐험했어요. 그러면서 북극 지방에 사는 각지의 원주민들을 만났지요. 그러나 남극 대륙은 1820년이 되어서야 영국과 러시아의 항해자들에게 발견되었어요.

세계 최초의 기록

20세기 초에 유럽과 미국의 탐험가들은 북극점에 가장 먼저 도달하기 위해 경쟁했어요. 그 과정에서 여러 사람이 죽기도 했지만, 1909년 미국의 로버트 피어리와 매슈 헨슨이 이누이트 안내인 네 명의 도움을 받아서 처음으로 북극점에 도달했다고 알려져 있어요.

남극점을 향한 경쟁

이 소식이 널리 퍼지자, 노르웨이의 로알 아문센과 영국의 로버트 스콧은 남극점에 최초로 도달하고자 경쟁을 벌였어요. 그들은 각자 탐험대를 꾸렸고, 갖은 고생 끝에 마침내 남극점에 도달했어요. 결과는 1911년 12월 14일에 도착한 아문센 탐험대의 승리였어요. 스콧은 약 한 달 뒤에 왔고요. 하지만 스콧 탐험대는 집으로 돌아오지 못하고 목숨을 잃었어요.

남극 대륙 횡단 탐험

1914년 영국계 아일랜드인 탐험가 어니스트 섀클턴은 인듀어런스호를 타고 남극 대륙으로 갔어요. 남극점을 지나서 최초로 남극 대륙을 횡단하기 위해서였지요. 하지만 배가 얼음에 갇히고 말았어요. 배는 침몰했지만 놀랍게도 대원들은 모두 살아남았어요. 가라앉은 그 배는 2022년에 물속에서 발견되었어요.

살기 힘든 곳이지만 인류는 수천 년 전부터 북극 지방에 살았어요.
많은 이들이 오랜 전통을 이어 가면서 지금도 살고 있어요.

사미족

스칸디나비아 북부와
러시아 북서부 지역을 '사프미'라고 해요.
여기에 사미족이 살아요. 이들은
계절마다 순록 떼를 몰고
풀을 뜯기 좋은 곳을 찾아 옮겨 다녀요.
텐트에 살면서 사냥을 하거나 낚시를 해서
음식을 먹어요.

유피크족

러시아 북동부와 알래스카의 바닷가에 살아요.
목재로 뼈대를 만들고 잔디와 물범 가죽을 덮어서
집을 지어요. 겨울을 대비해 해양 포유류와
물고기를 잡아서 말리거나 연기를 쐬어 훈제해
썩지 않게 만들어 저장해요.

축치족

러시아 북동부 끝에 있는 시베리아에서는
축치족이 두 집단으로 나뉘어 살아가요. 내륙에 사는
집단은 순록 떼를 모는 유목 생활을 하고,
바닷가에 사는 집단은 바다코끼리와
물고기를 잡아먹으며 생활해요.

이누이트족

그린란드, 캐나다 북부, 알래스카에는
이누이트인이 살아요. 겨울에는 눈으로 지은
이글루에서 지내고 여름에는 순록 가죽으로 덮은
텐트를 지어 살아요. 함께 사는 개는
겨울에 썰매를 끌고, 여름에 물범 냄새를
맡아서 사냥을 도와요.

전통과 변화가 공존하는 북극

19~20세기에 북극 지방의 많은 원주민이 침입자들에게 땅을 빼앗겼어요. 그 뒤로는 전통적인 생활 방식을 찾아보기 어려워졌어요. 하지만 여전히 고유의 문화와 언어를 간직하고 있는 공동체들이 있어요. 조상들과 전혀 다른 삶을 살고 있지만요.

도시 생활

현재 북극 지방의 많은 원주민은 러시아의 무르만스크 같은 크고 작은 도시에 살아요. 사무실에서 일하고, 차를 몰고, 상점에 가고, 난방이 되는 집에 살지요. 즉, 더는 전통적인 생존 기술을 쓸 일이 없어요.

여전한 전통 생활 방식

북극 지방에는 도시에 나가기 힘든 외딴 지역에
사는 사람들도 있어요. 너무 멀어서 도시의 마트에서
유통되는 식품을 들여오기도 힘든 곳이지요.
그런 곳에서는 지금도 전통적인 사냥과
낚시 방법을 써서 식량을 구해요.

문화 지키기

고유의 언어를 쓰고, 전통문화와 옛이야기를 지키려고 애쓰는
지역 공동체들이 많이 있어요. 학교에서 청소년들은
카약 만들기를 배우고, 어린이들은 공연을 통해
전통적인 옛이야기를 접하지요.

남극 대륙에 사는 과학자들

남극 대륙은 지구에서 가장 추울 뿐 아니라, 대다수의 나라와 아주 동떨어진 곳이에요.
겨울에는 접근하기가 매우 힘들고 통신도 잘 안 돼요.

국제 공동 관리 지역

남극 대륙에는 사람들이 대대로 살아온 전통 마을 같은 것이 전혀 없어요. 대신에 연구 기지가 있는데 이 독특한 서식지를 연구하는 과학자들이 돌아가면서 머무는 곳이에요. 여름인 11월에서 2월 중순까지 가장 많은 과학자가 방문해요. 지내는 동안 필요한 음식과 장비도 함께 들여오지요.

별난 집

과학자들은 강풍과 극도의 추위와
움직이는 얼음을 견딜 수 있도록 지은 연구 기지에서 지내요.
영국의 '핼리6' 기지는 스키가 붙은 장대 위에 세워져 있어요.
세찬 눈보라로 눈이 쌓이면 장대 길이를 늘려요.
아니면 스키를 이용해 기지를 다른 곳으로 옮기지요.

눈 위에서 신나게 놀기

오랜 연구에 지친 과학자들은 여름에 야외 행사를 해요.
뉴질랜드 기지는 해마다 럭비 대회를 열어요.
눈 위에서 반바지 차림으로 경기를 하지요!
차가운 바다에서 수영을 하거나, 축구 혹은 달리기도 해요.

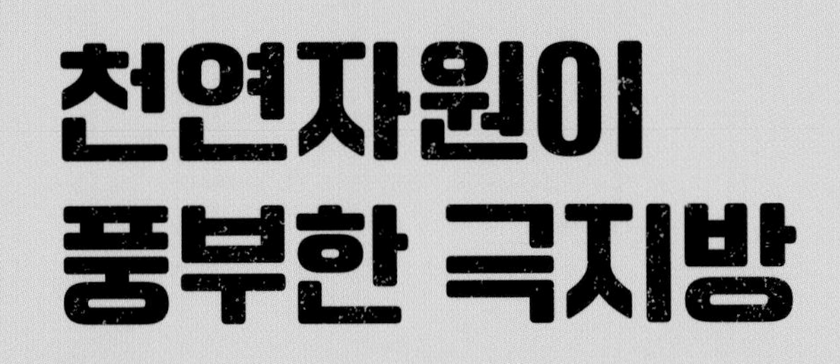

천연자원이 풍부한 극지방

북극 지방과 남극 지방에는 석유와 천연가스 같은 화석 연료부터 광물과 금속에 이르기까지 자원이 풍부해요. 그러나 기후와 지형 때문에 이런 자원을 얻기가 아주 힘들어요.

눈과 얼음 아래

혹독한 환경이긴 하지만, 북극 지방의 몇몇 나라들에는 금속과 다이아몬드 광산이 많아요. 많은 나라들이 북극 지방의 해안에서 채굴하는 석유와 천연가스를 수입해요. 이런 채굴은 환경을 오염시키고 파괴해요. 그래서 남극 대륙에서는 모든 자원 채굴을 금지하고 있어요.

어업

북극해와 남극해에는 생선을 비롯한
해산물이 풍부하지만, 이곳에서 이루어지는
어업 활동은 아주 위험해요. 알래스카와
시베리아 사이의 베링 해협에서 강풍,
얼어붙을 듯한 추위, 산더미 같은 파도에 맞서면서
게를 잡는 일은 세계에서 가장 위험한
직업에 속해요.

관광

북극 지방과 남극 지방에는 여름이 되면
많은 관광객이 찾아와요. 쇄빙선이나
크루즈선을 타면 극지방에 사는 동물들을
방해하지 않고 지켜볼 수 있어요.
남극 대륙에서는 자연과 동물을
보호하기 위해서 엄격한 규제 아래
관광이 이루어져요.

극지방을 보호해야 해요

극지방은 지구 기후에서 중요한 역할을 해요.
날씨뿐 아니라 바람과 해류에도 영향을 미치지요.
남북극에서 아주 먼 곳까지도요.

지구 온난화

전 세계의 많은 나라는 화석 연료를 태워 에너지를 얻어요.
그런데 이때 뿜어지는 온실가스는 대기에 열을 가두어서
지구 온난화를 일으켜요. 그 결과 남북극 지방의 기온이
아주 빠르게 올라갔고 극지방의 서식지는 위험에 처해 있어요.

빠르게 녹는 얼음

극지방은 이미 기후 변화의 영향을 받고 있어요.
얼음이 녹는 속도가 전보다 훨씬 빨라졌고, 겨울에 얼어야 할
얼음이 잘 얼지 않아요. 그래서 북극 지방에 사는 사람들은
사냥터가 줄어들고 집이 물에 잠길 위험에 처해 있어요.
남북극의 동물들은 먹이와 집을 구하기가 점점 어려워지고
또 빠르게 올라가는 기온에 적응하지 못하고 있어요.

미래를 위해

이런 변화를 되돌릴 수는 없지만, 각국 정부에 화석 연료 사용을 줄이거나 아예 중단하라고 요구함으로써 미래를 지키려고 노력하는 이들이 많아요. 또 광물이나 석유 채굴 같은 산업 활동을 막아서 환경 오염에 취약한 극지방을 보호하려 애쓰는 사람들도 있어요.

조시 블록스 지음

어린이 논픽션 책의 저자이자 일러스트레이터로 활동하고 있어요.
어린 시절부터 자연과 세상을 탐험하는 책을 좋아했어요.
그래서 지금은 어린이들이 신비로운 자연에 대해 쉽고 재미있게
배울 수 있는 책을 열심히 짓고 있어요.
쓰고 그린 책으로는 〈극한의 삶(Life at Extremes)〉 시리즈의 《우주(Space)》,
《지하(Underground)》, 《바다 아래(Under the Sea)》가 있어요.
그린 책으로는 《우리는 친절해야 해요》, 〈파란 세계(Blue Worlds)〉 시리즈의
《대서양(The Atlantic Ocean)》, 《인도양(The Indian Ocean)》,
《태평양(The Pacific Ocean)》 등이 있어요.

이한음 옮김

서울대학교에서 생물학을 공부했고, 과학 전문 번역가이자
과학 전문 저술가로 활동하고 있어요. 스포츠부터 과학 기술에 이르기까지
다양한 분야의 지식을 어린이들에게 전하고 있지요.
옮긴 책으로는 《로봇이 궁금해!》, 《바디: 우리 몸 안내서》, 《사이언스 2025》,
《과학과 역사가 보이는 5,000가지 지식》, 《초등학생이 알아야 할 우리 몸 100가지》,
《매머드 사이언스》 등이 있어요.

더 알고 싶다면 찾아보아요!

www.bas.ac.uk/polar-operations/sites-and-facilities/facility/halley/
영국의 남극 연구 기지 핼리6(Halley VI)에 대한 정보를 살펴볼 수 있어요.

www.youtube.com/watch?v=w4OH6gMN6vY
멋진 큰회색올빼미가 먹이 잡는 모습을 볼 수 있어요.

https://youtu.be/ky57HCQPSNk
이누이트 아버지가 아들에게 이글루 만드는 법을
가르치는 모습이 담겨 있어요.

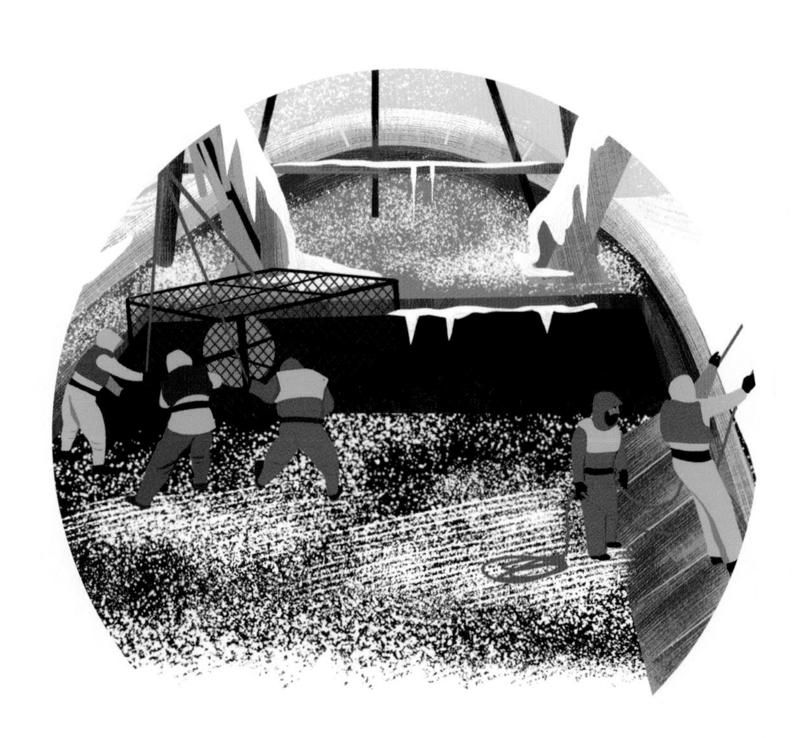